LA

VÉRITÉ POLITIQUE

SEPTEMBRE 1885.

PARIS

E. DENTU, LIBRAIRE-ÉDITEUR

PALAIS-ROYAL, 15-17-19, GALERIE D'ORLÉANS

LA VÉRITÉ POLITIQUE

PARIS
IMPRIMERIE DE G. BALITOUT ET Ce
7, rue Baillif, 7

LA

VÉRITÉ POLITIQUE

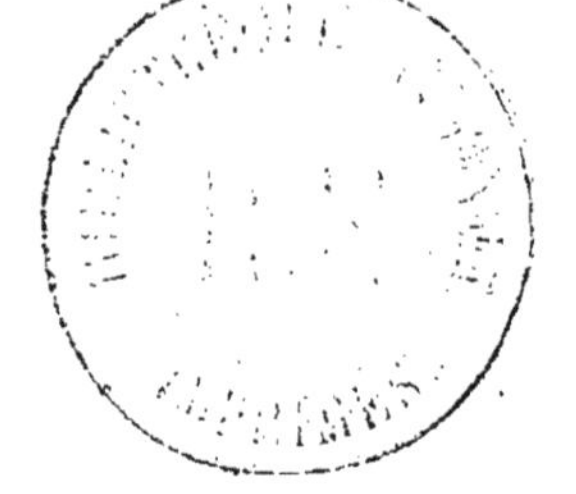

SEPTEMBRE 1885.

PARIS

E. DENTU, LIBRAIRE-ÉDITEUR

PALAIS-ROYAL, 15-17-19, GALERIE D'ORLÉANS

AU LECTEUR

Au moment où la France traverse une crise politique de la plus haute importance, j'ai cru qu'il serait intéressant d'étudier la situation actuelle des différents partis. J'ai voulu apporter dans ce travail une absolue impartialité et éviter les attaques passionnées dans lesquelles on tombe trop souvent en critiquant la conduite des hommes politiques d'une époque contemporaine ; pour y parvenir, j'ai écrit ces pages au milieu de la lutte électorale, car les violences et les exagérations des autres m'ont toujours inspiré le goût d'une sage modération, et, en ne signant pas ces lignes, j'étais plus certain de ne pas me laisser aller à des jugements trop sévères.

Ceci n'est qu'un aperçu, je laisse au lecteur le soin de trouver lui-même les nombreux défauts qu'il renferme, mais je revendique une qualité pour ces quelques lignes écrites rapidement ; elles sont empreintes d'une sincérité pénible parfois et alors d'autant plus respectée.

LA

VÉRITÉ POLITIQUE

CONSIDÉRATIONS GÉNÉRALES

Avant d'aborder l'étude politique d'un peuple, il est nécessaire d'examiner la situation politique des nations qui l'entourent; les frontières n'existent pas pour ce travail philosophique; la civilisation a fait un grand tout des divers États de l'Europe, la France est une partie de ce tout. Pour arriver à bien connaître ce qu'il faut à notre pays, sachons ce qui existe dans les autres. Ces premières pages sont consacrées à un examen d'ensemble.

Les siècles que nous venons de traverser ont marqué, dans ce qui sera l'histoire générale du monde, la période monarchique. Elle a eu de grandes gloires. Son rôle a été utile, brillant et patriotique; l'exagération de ses principes n'a pas nui aux résultats de son libre exercice, et quoique aujourd'hui nous puissions difficilement imaginer une organisation basée sur la volonté absolue d'un roi, tenant son pouvoir de Dieu, et le transmettant avec cette origine toute surnaturelle à son fils, quel que soit cet héritier du trône, si étrange que nous paraisse cette autorité sans contrôle, cette possession en un mot du peuple et du pays par une seule famille, par un seul homme, si terribles qu'en aient été parfois les conséquences, c'est une page de gloire que l'histoire impartiale consacrera à la monarchie.

L'existence des peuples a de nombreuses analogies avec celle des individus, ils se forment, grandissent et progressent, les gouvernements qui sont les éducateurs du peuple doivent se conformer à ce que la sagesse dicte aux parents envers leurs enfants : des soins journaliers et permanents au début, une préoccupation constante pendant toute la période de l'enfance, mais une direction moins minutieuse quand l'adolescence fait place à la virilité ; enfin le conseil, tel est la dernière forme de l'autorité paternelle. Les peuples de l'Europe ont grandi, parfois ils ont le tort de se croire arrivés à cet état de force qui permet de ne suivre que ses propres inspirations, de là ces affreuses révolutions qui ont bouleversé tant de nations et dont le résultat n'a pas toujours compensé les excès et les violences.

Nous marchons vers la libre direction du pays par lui-même, qui est la République. C'est à cela que nous arriverons, c'est à cela que nous devons désirer arriver. Je ne connais pas de plus noble but pour une nation que celui de son indépendance intérieure ; il ne suffit pas que les frontières soient respectées, il faut aussi que chaque citoyen soit une partie de l'État. Je le répète : c'est là le but, mais nous n'y sommes pas ; nous devons y tendre comme à la plus belle récompense que la sagesse d'un peuple lui mérite. Par ce fait même la République ne convient pas à l'Europe actuelle, mais je dois ajouter aussitôt : la forme ancienne de la monarchie n'est pas non plus en rapport avec la situation du moment.

Les souverains l'ont compris partout et dans plusieurs pays ils mettent en pratique ce principe indiscutable qu'il faut modifier le passé dans les proportions du progrès présent. Qu'on suive le progrès ou qu'on le précède, c'est là toute la différence qui existe entre les gouvernements européens, et c'est peu de chose pour l'histoire générale, pour celle qui ne compte pas les petites fractions du temps et qui ne veut enregistrer que les grands mouvements de l'humanité dans sa marche sociale et politique.

La monarchie constitutionnelle est le gouvernement le plus en rapport avec les progrès accomplis dans le passé, la République suivra les progrès accomplis dans l'avenir. Je disais plus haut que les siècles derniers ont marqué la période de la monarchie, et, en effet, les gouvernements actuels ne présentent plus que bien rarement une grande ressemblance avec ceux d'autrefois. Les princes n'ont rien à retrancher aux premiers principes de la Révolution qui veulent l'égalité devant la loi ; ils nous conduiront à la République, c'est leur rôle. Il n'était pas possible pour les peuples de rester stationnaires ; ayant progressé, ils avaient droit à une tutelle moins rigide ; de là la nécessité de supprimer l'ancien système monarchique, mais comme ils ne sont pas encore arrivés au degré de perfection possible, les partisans de la République se trouvent avancer l'heure de ce gouvernement. Il nous faut donc une transition entre le passé et l'avenir, autre chose que le pouvoir absolu, ou l'absence de pouvoir, c'est à la monarchie constitutionnelle qu'incombe cette magnifique tâche de conduire le peuple à n'avoir plus besoin de rois. Le temps qui nous sépare de la République sera plus ou moins long pour l'Europe, mais il sera court en proportion du temps déjà passé.

Occupons-nous de ce qui, à l'heure actuelle, convient spécialement à notre pays ; sans parti pris, sans regrets inutiles pour ce qui n'est plus, sans espérances déraisonnables pour l'avenir, voyons ce qu'il faut à la France.

SITUATION ACTUELLE DE LA FRANCE

S'il est un pays dans lequel les traditions ont le droit de compter, c'est bien le nôtre. Quelle magnifique énumération de règnes célèbres nous trouvons dans le passé, quelles nobles et belles pages que celles de notre histoire et comme les mauvais jours sont bientôt effacés par de grands événements ! Nous ne devrions jamais insulter aucun parti, car les royalistes, les bonapartistes et les républicains ont le droit de citer de bien glorieuses dates.

En France, il ne peut plus être question de l'ancienne monarchie, la Révolution a détruit pour toujours le trône de droit divin, plus que la Révolution et mieux qu'elle, les événements du siècle dernier ont creusé un abîme entre l'ancien régime et les pouvoirs nouveaux. Cette scission est complète au point que M. le comte de Chambord, dont toutes les qualités, les nobles vertus et les sentiments chevaleresques faisaient un grand Français, n'était pas populaire. Une expression vulgaire caractérisait cette situation : il était *impossible*. Ce prince, qui était au-dessus de tout reproche et qui savait bien que plusieurs concessions seront nécessaires, ne pouvait pas régner ; il représentait une époque dont on ne voulait plus et qui n'existait plus qu'à l'état de souvenir ; s'il était monté sur le trône, il est probable qu'il ne lui aurait pas été possible de gouverner, et cependant son pouvoir aurait été bien différent de celui de nos anciens rois. Cela permet de juger à quel point ce passé est éloigné de nous. Je ne veux pas rechercher ici le pourquoi de ce fait, je ne me propose pas d'étudier ce qu'il y a de regrettable ou d'heureux dans cette volonté de la France, de ne plus rien accepter des anciennes traditions, je constate seulement que ce courant ne peut être remonté.

Nous devons donc simplement considérer la monarchie constitutionnelle et la république; toutes deux elles se présentent à nous sous différentes formes qui feront l'objet de notre étude; mais avant, voyons la situation générale de la France.

Nous sommes un peuple révolutionnaire, et pourtant, chez nous, l'idée de gouvernement existe à un point très élevé; nous sommes à la fois mobiles et indifférents, nous manquons surtout de mesure. En général, nous ignorons le bon moment; ce que nous faisons s'expliquerait beaucoup mieux à une autre date, car nos raisons de changer sont souvent bien plus fortes aux époques où nous y songeons le moins. Sans entrer dans le détail des choses, comme je le ferai plus loin, jetons un coup d'œil sur notre situation actuelle et voyons à quel point elle est éloignée de répondre à ce qu'elle devrait être.

Notre politique a écarté de nous toute alliance; à chaque entreprise les ministres s'efforcent d'obtenir la neutralité, ils considèrent ce résultat comme un succès : on ne s'oppose pas à ceci... on nous permet de faire cela... et nous nous contentons de cette place dans le concert européen! La France est sans alliances, c'est une grande faiblesse pour son rôle politique.

Notre armée a été l'objet des plus sérieuses études, des plus patriotiques résolutions, et dernièrement un excellent ouvrage militaire, dû à l'un des hommes les plus capables, *l'Armée et la Démocratie*, nous montrait d'une façon indiscutable, non seulement ce qu'il fallait faire, mais aussi ce qu'on faisait, et l'auteur nous prouvait que là encore notre force ne correspondait pas à ce que la France serait en droit de trouver.

Notre marine est momentanément épuisée par une guerre qu'on reconnaît inutile. Malheureusement, il n'y a pas de guerres inutiles, et souvent celles qu'on nomme ainsi ont été les plus terribles dans leurs conséquences.

Je ne dirai rien de nos finances, la discussion des budgets et l'éloquence des chiffres prouvent chaque année que nous devrions être riches et que nous ne le sommes pas.

Je pourrais énumérer ainsi toutes les fautes journellement commises, la religion persécutée sans l'ombre d'une raison, la laïcisation poussée à un degré que rien ne justifie, je pourrais arriver aux détails et montrer qu'eux aussi sont à blâmer. Tout est à changer. Il est temps que cette vérité pénètre dans la nation entière, que les Français soient convaincus qu'il y a quelque chose à faire et que ce quelque chose est justement le contraire de ce qu'on fait; il faut que nous sachions tous que rien n'est encore perdu, la France porte en elle de quoi être grande, forte, respectée ; mon but est d'appeler tous nos concitoyens à s'occuper de notre patrie, non pas pour eux, mais pour elle.

LE PARTI RÉPUBLICAIN

Il est rare qu'un parti au pouvoir montre autant de divisions et manifeste des scissions aussi profondes que les républicains aujourd'hui. Cela est naturel, il y a dans le parti républicain de nombreux groupes qui correspondent aux différentes formes de la république. Ce gouvernement prête en effet à toutes les théories : les sentiments les plus conservateurs comme les idées les plus révolutionnaires, la justice la plus parfaite comme les excès les plus violents, la vérité comme l'erreur peuvent également sortir de la république. Il y a une grande quantité de sectes différentes, mais je ne parlerai que de celles qui ont une réelle importance politique, qui comprennent des hommes dévoués à leurs idées, convaincus du rôle qu'ils ont à jouer, et qui peuvent trouver un appui auprès de nombreux concitoyens. Quant aux révolutionnaires, plus insensés que terribles, dont la théorie consiste à niveler par la guillotine, ils me permettront de ne pas m'occuper d'eux. Le danger qu'ils veulent faire courir à la société et le mal qu'ils font auprès de ceux qui sont à la fois mauvais et naïfs les excluent de toute discussion sérieuse. J'écris sincèrement et je ne reproche pas au gouvernement actuel cette affreuse queue ; je sais que sous tous les régimes il y a des hommes qui se mettent d'eux-mêmes hors de ce que j'appelle les Français.

Les trois principaux groupes du parti républicain sont : les modérés, les opportunistes, les radicaux. Étudions ce que chacun de ces groupes peut faire seul, et après voyons s'il peut s'allier aux autres, et quelle sera, dans ce cas, la force du parti républicain.

Les modérés ont à leur tête un homme de la plus grande valeur, j'ai cité M. Ribot, je crois à la sincérité de ses déclarations ; j'admire l'éloquence, je comprends les idées de ce grand orateur, j'irais facilement jusqu'à les partager, s'il pouvait me donner confiance dans la réalisation de son programme. Certes, M. Ribot à la tête du pouvoir, servi par des ministres qui penseraient comme lui et qui seraient soutenus au Sénat et à la Chambre par une majorité pensant comme eux, pourrait relever la république, la faire accepter, éviter à la France des malheurs qui ne sont plus bien loin d'elle. Seulement, M. Ribot n'est pas populaire, ses idées ne sont pas répandues, surtout chez les républicains. Ce qui prouve bien que la France n'est pas encore mûre pour la république conservatrice, c'est que les essais n'ont pas réussi, les conservateurs comme leurs adversaires ont été trompés dans ce qu'ils attendaient de la république après 1870. Deux hommes bien différents : l'un qui faisait de la finesse la première qualité de l'homme d'État, et qui s'en servait toujours, M. Thiers ; l'autre qui voulait gouverner simplement, le maréchal de Mac-Mahon; tous deux ont échoué dans cette tâche de doter la France d'un gouvernement républicain conservateur.

Je ne sais pourquoi cette fraction du parti républicain est aussi faible ; c'est là qu'il y avait une chance d'établir définitivement la République, tous les Français pouvaient se rallier à ce drapeau qui n'avait rien d'exclusif, ils pouvaient croire encore à de beaux jours pour notre pays, les sacrifices réciproques des royalistes et des bonapartistes seraient venus plus tard consolider la République et la donner comme dernière forme de gouvernement à la France, mais les républicains n'ont pas laissé aux partis monarchiques le temps de se préparer à cette abnégation ; eux-mêmes, ils n'ont pas voulu de la République conservatrice. La part qui revient aujourd'hui au centre gauche dans les chances électorales prouve surabondamment que cette opinion ne saurait prévaloir.

Le groupe républicain le plus fort est celui des opportunistes, d'abord parce qu'il a eu longtemps le pouvoir, ensuite parce qu'il l'a quitté seulement depuis peu de semaines.

Il est incontestable que c'est là que nous trouvons l'action gouvernementale ; une organisation complète existe dans cette grande fraction du parti républicain ; nous pouvons donc actuellement juger des faits et étudier une politique. L'opportunisme a longtemps présidé à nos destinées, pourquoi ? Le pouvoir lui est venu de son adresse, de sa discipline, de son énergie et un peu aussi de sa témérité. A force de répéter qu'ils étaient appelés à gouverner par la nation elle-même, les opportunistes sont arrivés à le croire, et mieux encore, à en convaincre beaucoup de gens. Il faut reconnaître que leur groupe est celui qui se rapproche le plus des exigences d'un gouvernement et que, mieux que toutes les autres fractions républicaines, il peut assumer le pouvoir et diriger la politique d'un Etat. Est-ce à dire pour cela que la France soit opportuniste et que cette politique ne nous soit pas nuisible ?... Tant s'en faut ! La France est lasse des bouleversements qui chaque fois lui coûtent, soit un peu, soit beaucoup, de sa prospérité, de sa grandeur, de sa force ; elle n'est pas encore remise de cette affreuse guerre dont le souvenir et les effets semblent éternels, et il ne faut pas s'en étonner, de pareilles secousses demandent plus qu'une génération pour que l'équilibre se retrouve et que la vie nationale reprenne sa forme habituelle. Nous avons la République par une série de circonstances dont quelques-unes sont parfaitement étranges, mais enfin le nom de la République a été voté, tout est là ; ce vote bizarre a permis tout ce qui a été fait par la suite ; il était gros de conséquences, imprévues surtout par ceux qui l'ont provoqué, mais le pays qui ne s'est pas mêlé à toutes ces intrigues a cru que la République était le gouvernement choisi par ses mandataires dans lesquels il avait confiance et a accepté ce résultat comme il aurait accepté n'importe quelle autre solution. Puis, avec le temps les yeux se sont ouverts, et bien des gens, de nombreux citoyens trouvent qu'ils n'ont pas le gouvernement que réclamerait l'état de la France ; l'expérience tentée n'est pas à l'avantage de nos maîtres, mais le fait brutal de l'existence de la République est là, il est incontestable, et on est effrayé par cette pensée que de vouloir la renverser c'est être révolutionnaire. L'inconnu a toujours produit, et surtout maintenant, une grande crainte dans l'opinion ; les partis conservateurs ne sont pas unis, que mettre à la place de la République? Cette question reste sans réponse à de certains moments ; à d'autres, au contraire, l'écho lui apporte trop de solutions à la fois, et la République dure toujours, sans être pour cela plus populaire, sans inspirer une réelle confiance, sans mériter le pouvoir qu'elle exerce. Les opportunistes profitaient depuis longtemps de cet état de choses quand de graves événements vinrent les arracher du pouvoir où ils se croyaient établis pour toujours. Là, nous voyons de la manière la plus évidente que la République ne saurait nous gouverner ; en effet, les hommes les plus capables de la majorité de la Chambre étaient réunis pour former un ministère ; ils avaient pour les présider M. Jules Ferry, dont l'intelligence réglait avec une grande habileté toutes les questions gouvernementales. En dehors de ses capacités naturelles, M. Jules Ferry faisait profiter son ministère d'une expérience personnelle déjà plusieurs fois mise à l'épreuve. Au-dessus de ce conseil, le Président de la République, qui se cantonnait dans les limites fixées par la Constitution et qui ne créait pas une seule difficulté, ne posait même pas une question, acceptant tout et facilitant ainsi la tâche de ses ministres; au-dessous, une majorité qui laissera un nom dans l'histoire pour cette exagération de confiance dont elle donnait des preuves plusieurs fois par heure quand on le voulait et qui n'était jamais plus complète que lorsque les événements paraissaient menacer le repos de la France. Enfin, des adversaires divisés entre eux, occupés uniquement à creuser plus profondes encore les séparations qui existent entre la royauté et l'empire et qui, ne jugeant pas leur affaiblissement suffisant, prenaient plaisir à créer des partis dans chaque parti, au point de risquer de s'annihiler. Ce ministère ne trouvait aucune difficulté sérieuse à résoudre, ni à l'intérieur, ni à l'extérieur; il eut, au bout d'un certain temps, la force que donne l'habitude; il avait franchi une durée que ses prédécesseurs ne connaissaient pas; enfin il s'était rompu aux affaires et chacun de ses membres avait eu le loisir d'étudier les questions relatives à son département. Les ambitions se réveillèrent alors, on voulut faire grand et surtout créer. On inventa la forme actuelle de la politique coloniale, on s'engagea dans des expéditions terribles, on négligea la prudence la plus élémentaire, on évita de se renseigner là où on pouvait s'instruire, on décréta que la Chine était une quantité négligeable, on décida qu'on prendrait comme en se jouant Madagascar, on rêva du Maroc; le drapeau fut envoyé en avant et il fut admirable. Après, le devoir était de le suivre. On commença follement, on voulut finir courageusement. Toute cette période prouve que les plus capables parmi les hommes d'Etat républicains ont compromis, sans aucune raison pour cela, le pays dont ils devaient simplement diriger les affaires. Ce n'étaient plus des ministres, c'étaient des novateurs, et, par leur faute, la France courut un grand danger. Le mal a été, en partie, conjuré, mais la confiance ne renaîtra pas, elle a été trop grande, aujourd'hui elle est nulle. Facilement même on deviendrait injuste et on nierait jusqu'à la dernière des qualités que possède M. Jules Ferry.

Nous assistons en ce moment à la lutte des partis pendant la période électorale et là encore, M. Jules Ferry, qui reste toujours l'homme du parti opportuniste, le plus apte à gouverner et qui est le chef reconnu de ce groupe important, nous montre une fois de plus combien il est éloigné de pouvoir présider à nos destinées. Ses partisans disent, en parlant des nombreux discours qu'il prononce, qu'ils se complètent les uns les autres ; je me permettrai d'être d'un avis différent et de dire au contraire qu'ils se détruisent mutuellement. En effet, il semble impossible en les lisant que ce soit l'œuvre de la même personne, tant ils sont différents, et je ne sais si c'est le but de M. Ferry, mais il pourrait toujours se trouver d'accord avec certaines de ses déclarations, quelles que soient les décisions qu'il aurait à prendre par la suite, s'il revenait encore au pouvoir. Il aurait le loisir d'être pacifique ou belliqueux, libéral ou autoritaire et d'affirmer que le péril est à droite ou à gauche. Il y a de tout cela et encore bien d'autres choses dans la série de ses discours.

Nous trouvons dans le parti républicain une autre fraction très importante : les radicaux. Ils n'ont jamais été au pouvoir, ils ont même été systématiquement mis à l'écart jusqu'à ce jour, et nous devons les juger sur leurs écrits et leurs paroles. Conviendraient-ils mieux à la France que les opportunistes dont ils sont les ennemis implacables? Ici encore je puis répondre non, sans crainte de me tromper; pour d'autres causes, il est vrai, ils ne sont pas aptes à gouverner notre pays. Les radicaux sont sincères dans leurs déclarations, ils ont une foi immense dans leurs théories, et ce culte pour leurs idées est d'autant plus grand et, en même temps, d'autant plus louable qu'il n'a jamais varié. Les radicaux n'acceptent aucun compromis; ils arriveront avec leur programme bien connu ou alors ils n'arriveront pas; ils ne font aucun sacrifice aux exigences de la politique et apporteraient dans le gouvernement une grande fidélité aux promesses faites actuellement; mais leurs théories effrayent; de plus, pour le pouvoir, ils sont des inconnus puisque jusqu'à présent il ne leur a pas été possible d'y arriver une seule fois, le sentiment qu'ils inspirent généralement dans les masses est celui de la crainte, on les considère comme des gens honnêtes, convaincus, mais très exagérés et dominés entièrement par certaines idées qui paraissent nées avant l'heure ou qui semblent trop dangereuses à mettre en pratique. Les radicaux gagneront sensiblement des places aux prochaines élections, ils y verront la preuve que la France vient à eux, mais c'est une erreur qu'il est facile de dissiper. Parmi les revendications radicales il y a des changements considérables à introduire dans les questions religieuses et dans la loi sur l'armée. La séparation des Églises et de l'État est réclamée par les radicaux avec une grande persistance, ils la veulent sans délai, ils l'imposent complète, immédiate, sans appel. Or il est évident que l'immense majorité de la nation est contraire à une telle décision; la France est concordataire tout d'abord, et ne désire en aucune façon la suppression du budget des cultes avec toutes les conséquences qu'elle entraînerait; la majorité républicaine elle-même est opposée, dans une forte proportion, à ce projet. Quant à l'armée, on sent qu'on y touche trop souvent et que chaque fois on l'affaiblit ; la revision par une Constituante fait aussi partie du programme, je reconnais qu'il y a là une idée élevée, les radicaux sont conséquents avec les théories de leur parti, mais les républicains ne les suivront pas et se refuseront à voter une revision aussi large, aussi nette, aussi loyale. Ils sont, ils resteront, malgré leurs succès, la minorité, et, par ce temps de suffrages, la quantité est tout. Ils ont un chef éminent dans la personne de M. Clémenceau. Parmi ses nombreux discours, le plus remarquable peut-être est celui où, cherchant à définir la situation des différentes fractions républicaines dans l'avenir, il créait deux grands partis analogues aux partis politiques de l'Angleterre, les conservateurs et les libéraux ; il prouvait, il voulait prouver que seule la République désormais gouvernerait la France et qu'il y aurait place pour tous les anciens groupes du parti républicain ; bien plus, leur hostilité au lieu de continuer à être nuisible comme elle l'est aujourd'hui devenait utile à la République elle-même ; cette combinaison ingénieuse produisit tout d'abord une vive impression sur les auditeurs. On reconnut une fois de plus que M. Clémenceau était le chef incontestable du parti radical, qu'il était doué d'un grand talent, mais son discours n'eut pas d'écho.

Unissons par la pensée ces divers groupes républicains, un gouvernement peut-il sortir de cette entente? Non, car une fois les élections terminées, chacun voudra faire prévaloir son opinion personnelle, ceux qui sont en minorité n'accepteront pas de sacrifier leurs idées, leurs espérances, aux maîtres du moment. Il y a des divergences trop grandes entre les modérés, les opportunistes et les radicaux, il ne leur serait pas possible de confondre leurs sentiments avec ceux des autres groupes, leurs convictions sont trop réelles et les programmes trop différents. Ils font tous les jours appel à la conciliation sur le terrain électoral et ils n'arrivent même pas à pouvoir s'entendre pendant quelques semaines, ils ne peuvent s'unir dans aucune pensée, dans aucun but, la République menacée les trouverait tous prêts à la défendre énergiquement, mais quand la question même de l'existence de la République n'est pas en cause, ils sont ennemis jurés. Donc, tout gouvernement des républicains réunis est impossible, celui d'une fraction de ce parti le sera aussi, car il aura à lutter contre les conservateurs et les autres groupes républicains. M. Ferry a déployé un réel talent pour rester ainsi au pouvoir. Sans un chef aussi capable le ministère n'aurait pas vécu et de nombreux cabinets auraient été renversés en bien peu de temps, le gouvernement devenait alors impossible. Ce que nous verrons bientôt se serait déjà produit. Quand M. Ferry quitta le pouvoir, le président de la République appela aux fonctions ministérielles des hommes appartenant à divers groupes républicains, et il choisit pour président du conseil, le président de la Chambre qui cherchait à représenter l'opinion républicaine en général plus spécialement que telle ou telle fraction de l'assemblée. Nous avons donc aujourd'hui le gouvernement qui répond le mieux à ce qu'une entente républicaine pourrait choisir pour diriger les affaires. Le cabinet Brisson est arrivé, dit-on, dans de détestables conditions, il avait à accepter l'héritage des lourdes fautes du précédent ministère, il devait tout réorganiser et sa tâche paraissait immense, voyons ce qu'il eut réellement à faire et les difficultés qu'il rencontra. La Chambre, complice de M. Ferry par la facilité avec laquelle elle se plaisait à lui donner tout ce qu'il demandait et même plus, aveuglée par son enthousiasme exagéré pour le président du conseil, fut, ainsi qu'il arrive toujours, intraitable et terrible quand sonna l'heure des épreuves. Son indignation me paraît encore plus blâmable que sa servitude, en tout cas elle la complète. M. Jules Ferry fut donc maudit; je parle sans exagération ; et naturellement son successeur profita de cette explosion de haine qui lui valut de suite une grande confiance de la part des députés et surtout le désir d'approuver ce qu'il ferait ; de plus, la situation paraissait si mauvaise le jour où M. Brisson prenait le pouvoir, qu'elle ne semblait pas devoir jamais empirer. Tout cela facilitait singulièrement les débuts du ministère. Il se trouva ensuite que la paix était à peu près faite par M. Jules Ferry, dont le châtiment aura été de ne pouvoir recueillir lui-même l'approbation, méritée cette fois, de la Chambre. L'époque des vacances approchait, chacun éprouvait le besoin de ne pas se brouiller avec le gouvernement à une heure où il est si puissant. Le désir de rester député empêcha plus d'une interpellation. Enfin, pour tout dire, les violences se calment toujours quand on approche de l'heure de la grande consultation du pays ; elles renaissent pendant la période électorale ; mais habituellement les dernières séances d'une assemblée sont calmes sinon sérieuses ou recueillies.

M. Brisson ne pourra pas continuer à gouverner après les élections, ou du moins son pouvoir sera éphémère, car il est dès aujourd'hui absolument certain qu'une majorité de gouvernement fera complètement défaut à la nouvelle Chambre des députés. Cette situation imposera avant peu la dissolution.

LE PARTI BONAPARTISTE

Nous venons de passer bien rapidement en revue les différentes formes de l'opinion républicaine ; voyons maintenant le rôle des conservateurs dans la politique, et commençons cette étude par le parti bonapartiste.

Il pourrait, il devrait exister une grande force dans ce parti, et pourtant, en examinant de près sa situation actuelle, on est obligé de reconnaître que chaque jour elle diminue; assez considérable encore dans une certaine partie du peuple, elle est cependant inférieure à celle des républicains : dans les classes élevées quelques souvenirs, quelques regrets, quelques ambitions composent seuls, à peu près, l'état-major bonapartiste. Cela paraît étrange, car l'empire n'est pas encore bien loin, et, pendant les vingt ans qu'il dura, beaucoup de bien fut fait au peuple par la famille impériale, beaucoup de faveurs furent distribuées aux privilégiés; mais nous allons remonter à l'origine de cette puissance bonapartiste, et les aperçus philosophiques que nous pourrons tirer de la suite des événements nous prouveront que la faiblesse actuelle de ce parti s'explique facilement; et puis il faut tout dire : l'opinion bonapartiste existe encore avec une certaine force, et nous ne parlons pas seulement du passé en étudiant cette forme de gouvernement; l'empire pourrait encore revenir, quoique cela soit invraisemblable. La principale force du parti bonapartiste repose sur un homme, Napoléon Ier; cet homme fut le plus grand génie de l'humanité; l'antiquité en aurait fait un demi-dieu et sa puissance touche au surnaturel. Je ne puis entrer ici dans de longs détails historiques, ni chercher si cette épopée impériale fut heureuse pour la France et si nous n'avons pas payé trop cher nos gloires, nos conquêtes, l'immortalité même qui s'attache au souvenir de l'empereur français; un fait qui ne peut être nié, c'est que ce nom possède encore une véritable force dans l'opinion; il est aimé, il rappelle des prodiges; il n'est pas un Français qui, à une époque de sa vie, ne soit resté rêveur et comme fasciné en pensant à Bonaparte. Je citerai même comme une des choses les plus extraordinaires accomplies par le premier empereur, d'avoir doté son nom d'un prestige qui dure encore; seulement, le temps a passé et, comme toujours, il a un peu détruit; puis les malheurs, les fautes viennent jeter de terribles ombres sur cet éclatant souvenir, et nous pouvons aujourd'hui nous demander si les bonapartistes ont réellement le droit de s'appuyer autant sur le passé, au point de vue des gloires nationales. Napoléon Ier aurait été plus grand s'il avait été seul de sa famille; en lui succédant on l'a diminué; les victoires contemporaines ne rappelaient que de loin ses incomparables conquêtes, et nos défaites empruntèrent un caractère sinistre que ses malheurs n'avaient jamais connu. Si nous examinons maintenant le premier empire au point de vue du gouvernement, et si nous nous demandons quelle grande ligne il suivait, quel but il avait en perspective, en un mot quelle tradition les continuateurs de la politique impériale peuvent réclamer comme leur étant propre, nous serons obligés de reconnaître que le caprice décidait le plus souvent des grands événements de cette époque. La guerre, toujours la guerre, telle semblait être la devise de Napoléon Ier; il excellait à la faire; il s'y enivrait; il y perdit la couronne, et fut sur le point d'y perdre la France. Le parti bonapartiste peut donc, en ce qui concerne le premier empire, revendiquer les plus beaux titres de gloire, mais il ne saurait ajouter qu'il y trouve une tradition impériale; cela ne voudrait rien dire.

Quand le prince Louis fut nommé président de la République, il le dut uniquement au souvenir laissé par Napoléon; personnellement inconnu il profita de l'enthousiasme que le peuple avait pour le grand empereur, la politique extérieure du gouvernement de Juillet, qui avait cependant été bien utile à la France, fut habilement combattue et le contraste jeté par ce grand nom guerrier entraîna les foules qui acclamèrent un prince qu'elles ne connaissaient pas.

La direction imprimée aux affaires, d'abord par le prince-président, ensuite par l'empereur fera maintenant l'objet de notre examen. Pendant la présidence de la République il n'est pas bien facile de discerner quelle politique entendait suivre le prince, les difficultés avec l'Assemblée commencèrent peu de temps après son élection, elles augmentèrent chaque jour et bientôt il n'y eut plus, dans les pouvoirs publics, que cette rivalité, ce duel, qui absorbaient toutes les préoccupations; les affaires restaient suspendues, on se demandait qui l'emporterait de l'Assemblée ou du prince; ces deux pouvoirs qui devaient se compléter ne cherchèrent qu'à se discréditer, et certes les mobiles étaient blâmables des deux côtés, car aucun effort sérieux ne fut essayé pour arriver à une entente. Le prince fit un coup d'Etat et devint l'empereur Napoléon III. Ici nous trouvons une politique impériale ou pour mieux dire plusieurs politiques impériales, car Napoléon III aussi était capricieux; il se passionnait pour une idée, puis se détachait tout d'un coup des hommes chargés de la mettre en pratique. Malheureusement pour nous l'empereur était un rêveur, de là les utopies dont la France eut tant à souffrir, il était aussi un expérimentateur; de là ces nombreux essais toujours modifiés, parfois transformés de fond en comble, qui firent du second empire une série de petits règnes différents, suivant l'imagination trop changeante du souverain. Enfin 1870.

Je n'ai fait qu'esquisser à grands traits les différentes physionomies du pouvoir impérial depuis son fondateur jusqu'à son dernier chef, mais j'ai voulu prouver que dans le parti bonapartiste il n'y eut jamais, il n'y a pas tradition... Est-ce une raison pour exclure les princes qui, dans l'avenir, pourraient vouloir restaurer la monarchie impériale? Nullement. Nous verrons plus loin s'il faut désirer encore le retour de l'empire; mais, de suite, j'ajoute que si un prince de cette famille jouissait d'une popularité justement méritée et s'offrait à nous avec des garanties sérieuses, il ne faudrait pas un instant lui faire un reproche de ce manque de ligne politique, de l'absence de tradition dans son parti; nous devrions le proclamer empereur et souhaiter seulement de lui voir faire mieux que ses prédécesseurs. Je le répète, mon but a été de ne pas laisser au parti bonapartiste un argument qui ne doit pas exister.

L'empire s'écroula dans nos désastres militaires, sous une explosion de haine qui sembla tout d'abord le suivre dans sa retraite, puis l'apaisement se fit un peu, le calme revint, la réflexion qui rend ses droits à la justice nous montra les événements sous leur véritable jour, notre souffrance nous inspira un peu de pitié, puis l'empereur mourut, et la grande et noble figure du prince impérial nous apparut comme une espérance pour l'avenir. Je crois fermement que là il pouvait y avoir le salut pour nous. Élevé à l'école de l'adversité, après avoir traversé les gloires et les grandeurs de l'empire, le prince bénéficia de ce contraste, il y trouva cette grandeur de sentiments, cette passion des nobles vertus, cet immense désir d'être utile et de faire du bien à sa patrie. Il avait cette idée que sa famille devait beaucoup à la France, que son nom était voilé d'une ombre, qu'il y avait chez des Français de l'aversion pour son père, peut-être même pour lui, il éprouvait une peine affreuse à la pensée que tout était juste, depuis les reproches jusqu'aux malédictions qu'il entendait, qu'il soupçonnait; il se disait que s'il n'avait été qu'un citoyen ses plaintes se seraient mêlées à celles dont l'écho rendait encore plus triste la maison d'exil. Le malheur forgea son âme et le souvenir qu'il laisse derrière lui est la récompense de sa vertu. Le parti bonapartiste fit une perte irréparable le jour où la glorieuse mort du prince termina cette vie si courte mais pleine d'élévation, de grandeur et d'héroïsme! On ne pouvait s'attendre à cette catastrophe, rien n'était disposé pour atténuer un coup aussi terrible, ce fut d'abord une surprise si forte que personne ne songea à ce que deviendrait le parti, et puis quand la jeunesse disparaît cela semble toujours anormal et injuste à ceux qui ne sont plus au début de la vie, on ne peut s'habituer à trouver naturelle la mort des enfants ou des jeunes gens, et alors, comme tout ce qui est contre nature, elle jette un grand trouble quand on l'apprend. Il restait pourtant un homme connu pour son intelligence, pour sa valeur personnelle, cet homme avait étudié la politique, il s'était en quelque sorte préparé au rôle qu'il allait avoir à remplir, peut-être avait-il pensé un jour au pouvoir sans envisager que les circonstances le lui rendraient bientôt légitime.

Ici, je dois aborder de suite une question qui divise profondément le parti bonapartiste. Quel est le prince qui doit succéder, comme chef de parti, au prince impérial? La politique nous apparaît là avec tout le cortège des difficultés qu'elle entraîne toujours après elle, on peut dire qu'une question politique n'est jamais simple, il en sera toujours ainsi tant qu'on ne voudra pas accepter certains principes et déclarer que jamais, sous aucun prétexte, on ne s'en écartera ; les principes sont la seule vraie force politique, les événements le prouveront toujours. Il paraissait, en effet, qu'aucune discussion ne pouvait s'élever, le sénatus-consulte, qui a été plébiscité, est formel, il appelait au trône, à défaut du prince impérial, le prince Napoléon. C'était donc le prince Napoléon qui devait être reconnu sans hésitation par tous les bonapartistes comme le seul chef du parti.

Certaines personnes se trouvèrent le droit, après la mort si regrettée du prince impérial, de rejoindre les partis hostiles, les royalistes ou les républicains, parce qu'il ne leur plaisait pas de marcher derrière le prince Napoléon. On voit tout en politique, mais on ne devrait pas y voir cela, car ce n'est pas sérieux. Je comprends que des bonapartistes désabusés à la suite de longues réflexions, ou entraînés par une série d'événements importants dans l'ordre politique, ou enfin, attirés par des théories nouvelles, quittent leur parti pour en rejoindre un autre ; je ne les blâmerai pas, si l'ambition n'est pas leur mobile, car enfin, un parti ne saurait se déclarer infaillible ; l'homme a le droit de changer et les circonstances peuvent même lui en faire devoir ; mais, abandonner son parti, parce qu'un prince que l'on aimait est mort, c'est puéril. C'est prouver que l'on ne comprend pas bien l'importance considérable qui existe à soutenir un parti plutôt qu'un autre ; si on se rendait compte de la gravité qu'il y a à se déclarer pour telle ou telle forme de gouvernement, quel est l'homme qui reconnaîtrait publiquement que sa foi politique était basée sur la sentimentalité et que ses convictions tenaient à une personne au lieu de tenir à des principes ; car, enfin, c'est la vie de la nation qui se joue dans les événements politiques et dans le choix qu'on fait d'un gouvernement pour son pays. Ici se manifeste de la façon la plus claire la preuve de ce que j'avançais tout à l'heure, le manque absolu de tradition dans le parti bonapartiste; en effet, ces défections auraient été impossibles si une ligne de conduite politique avait été reconnue par les partisans de l'empire, il n'y aurait eu alors aucun moyen de se retirer si rapidement, et l'excuse très sérieuse que ces hommes peuvent trouver à leur conduite est la preuve de la faiblesse des théories politiques de l'empire ou plutôt même de leur absence. J'adresserai les mêmes reproches à ceux qui veulent choisir le prince Victor, qu'à ceux qui s'éloignaient du parti bonapartiste; vous faites de la politique de sentiment, ce n'est pas de la politique. Incontestablement, le prince Napoléon est le chef du parti; examinons la situation qui serait faite à la France, s'il arrivait au pouvoir; nous verrons ensuite quelle serait la conduite du prince Victor dans le même cas; nous terminerons enfin cette étude par une revue des forces actuelles de tout le parti bonapartiste.

Si l'on tenait compte des déclarations du prince Napoléon, il ne serait pas très facile de se faire une idée juste de la façon dont il gouvernerait, car dans plusieurs occasions célèbres de sa vie, il n'a pas toujours exprimé les mêmes sentiments. Je crois que son gouvernement serait démocratique, je suis même convaincu que ce qui commencerait par être une force pour lui serait bientôt une cause de faiblesse; le prince irait trop loin sur cette pente qui lui est si naturelle, il se laisserait entraîner par ses inclinations personnelles, car il ne faut pas s'y méprendre, le prince ne joue pas un rôle pour capter l'opinion libérale et attirer à lui les républicains mécontents; ses déclarations démocratiques sont l'expression exacte et sincère de ses pensées les plus intimes, les plus fixes, les plus enracinées dans son esprit. Napoléon III poussait la théorie des nationalités, qui équivalait à celle des grandes agglomérations humaines, à un point qui lui a fait oublier qu'il était le chef d'une nation qu'il ne fallait pas entourer de voisins trop forts, le prince Napoléon poussera l'idée démocratique bien au delà des limites nécessaires ; par goût, par passion, il ira jusqu'à oublier qu'il est prince. C'est un fait bien bizarre que de voir en aussi peu de temps deux chefs du parti bonapartiste occupés spécialement à mettre en pratique des idées nuisibles pour le moins à leur cause et au succès de leurs partisans. Napoléon III et le prince Napoléon, quoique bien différents, représentent au fond, deux natures républicaines, et sans leur origine, on peut dire qu'ils n'auraient jamais été bonapartistes. Cela paraît étrange, réfléchissez, vous verrez que c'est exact. Cette tendance à une exagération démocratique, qui empêcherait l'équilibre des forces vives de la nation, est le plus grand reproche qu'on puisse faire au gouvernement que nous donnerait le prince, car les questions de politique extérieure et les rapports de l'État avec les Églises, bénéficieraient des hautes aptitudes de son esprit, et ceux qui croient à des taquineries mesquines de sa part, sont loin de connaître cette nature à la fois aimable et froide, convaincue et un peu sceptique, cet homme qui est plus près de mériter l'éloge qu'en font ses partisans, que les blâmes de ses détracteurs. Du reste, deux impossibilités se présenteraient à la durée de son pouvoir; la première tiendrait à la force invincible de l'opposition, car en supposant, comme je le pense, que le prince Victor se rapproche de son père, et qu'un nombre assez considérable de ses amis politiques le suivent, il n'en resterait pas moins certain que le prince Napoléon n'aurait pas avec lui tout le parti bonapartiste, aucun royaliste ne se rallierait et tant que le prince n'aurait pas réellement versé dans la politique, uniquement démocratique, les républicains se méfieraient; ce jour-là, c'est la seconde impossibilité dont je voulais parler qui se manifesterait. En effet, la France n'est pas aussi démocratique que le prince, les classes dirigeantes qui sont une grande force quand elles sont unies s'entendraient pour combattre cette politique et l'autorité nécessaire ne resterait pas longtemps entre les mains du prince, qui, j'en suis convaincu, ne sortirait pas de la légalité pour retenir le pouvoir. Et puis, le prince subit peut-être la conséquence de sa fidélité douteuse d'autrefois ; il devrait être populaire, il ne l'est pas, on lui reproche et surtout dans le peuple, son ambition mal contenue sous l'empire, son opposition mal déguisée. Il croyait ainsi se créer des chances à une époque où il paraissait que l'avenir ne lui en réservait aucune, et par le fait il diminua celles qu'il eût réellement dans la suite. L'histoire contient souvent de tels enseignements, faut-il le regretter? Non, je ne sais rien de plus juste que ces grandes leçons, elles infligent une peine méritée à ceux qu'elles frappent et elles empruntent à leur caractère historique d'être un exemple éclatant et inoubliable.

Dans la situation politique de la France, si un parti conservateur arrive au pouvoir, il ne restera qu'à la condition de savoir attirer à lui un grand nombre des partisans de l'autre opinion conservatrice. Est-ce possible? Peut-être pour M. le comte de Paris, peut-être pour le prince Victor, pour le prince Napoléon, il n'y faut pas songer. Si le prince Victor arrivait au pouvoir du vivant de son père, il ne lui serait pas possible de gouverner, il aurait contre lui tous les républicains, une partie des jérômistes et le plus grand nombre, au moins pour quelque temps, des royalistes. Le prince Victor est jeune, il subit facilement l'influence de ceux qui l'approchent, et dès qu'on exerce un certain prestige sur lui, on le domine presque entièrement; plusieurs hommes politiques voudraient inspirer le prince, et il est facile de prédire pour le début de son règne les plus grandes difficultés. Il faut souhaiter pour la France et pour le prince Victor, s'il doit arriver au pouvoir, que ce ne soit pas à la suite d'une lutte contre son père, et qu'un temps assez long se passe avant cette époque, pour permettre à l'héritier de la couronne impériale d'étudier plus sérieusement les questions politiques, de se préparer, en un mot, au rôle considérable qui incombe au chef de la nation française. Aujourd'hui, il n'est pas prêt.

Un parti ne se relève pas rapidement, après deux secousses aussi terribles que la guerre de 1870 et la mort du Prince Impérial. Les divisions qui ont éclaté entre le père et le fils ont pour conséquence de diminuer encore les chances de restauration; à cette douloureuse séparation de famille sont venues se joindre les invectives des partisans les plus violents du père ou du fils, les reproches les plus amers ont été formulés, mais on peut dire aussi que la haine inventa une grande partie des accusations. Quoi qu'il en soit, les bonapartistes sont tous amoindris par ces tristes scènes.

Il faudrait un prince en imposant à tous les partisans de l'Empire, parlant haut, se faisant respecter et sachant commander, un prince qui prendrait la direction de l'opinion bonapartiste en commençant par lui donner un caractère spécial et bien défini, qui se refuserait d'aller à la remorque des déclarations royalistes, ne discutant pas quelques places dans chaque département sous un drapeau vague que les électeurs ne distinguent pas bien, dont ils se méfient et pour lequel, finalement, ils ne votent pas. Nous voyons à l'œuvre aujourd'hui cette union conservatrice, ou plutôt ces nombreux essais d'entente pour les prochaines élections. Voici ce que j'en pense, et l'avenir me donnera raison : si j'étais royaliste, je la voudrais ; si j'étais bonapartiste, je m'y refuserais ; c'est assez dire à qui elle profitera. Je ne m'occupe pas de mes préférences personnelles en politique, je fais une étude de la situation actuelle et je discute les résultats de ces compromis électoraux. Malgré tout, les républicains reviendront en immense majorité, les forces des conservateurs seront sensiblement les mêmes dans la nouvelle Chambre.

Si le parti bonapartiste avait un chef, un seul chef, il aurait des chances sérieuses de revenir, et, bien dirigé, il donnerait à la France un gouvernement qui pourrait lui convenir, qui, dans tous les cas, serait plus en rapport avec ce qu'elle a le droit d'exiger et d'attendre que le gouvernement républicain ; il a pour lui le prestige du nom, le pouvoir a été entre ses mains, et, en dehors de la catastrophe finale, bien des garanties ont été conservées. Même en faisant la part la plus large aux critiques du second empire, on est obligé de reconnaître que de nombreuses années furent très profitables à la France. La guerre de Crimée fut glorieuse et utile ; l'agriculture et l'industrie reçurent les plus grands encouragements ; la prospérité individuelle augmenta sensiblement. L'empire a à sa disposition un personnel nombreux, qui connaît les affaires, qui a été vu à l'œuvre et qui pourrait rendre les plus signalés services dès le début d'une restauration impériale ; enfin, il ne représente pas pour le peuple l'inconnu, cet inconnu qui effraye tant de gens. Combien de personnes ne veulent pas de la monarchie uniquement parce qu'*on ne sait pas ?* Est-ce un raisonnement ? Non. Mais le suffrage universel décide ; nous devons donc tenir compte de l'opinion de tous. Il est cependant à souhaiter, dans l'intérêt de l'empire, qu'un temps trop considérable ne s'écoule pas encore, car sa force réside dans le prestige du premier empire et dans le peu d'éloignement de l'époque où les bonapartistes étaient encore au pouvoir. Chaque jour, le souvenir s'affaiblit, la force diminue.

Il est impossible de savoir ce que l'avenir réserve à la France ; si c'est une restauration impériale, il ne faut pas désespérer, le Prince que la France acclamera sentira le poids de sa responsabilité ; s'inspirant de ses devoirs, il se consacrera entier au bonheur de la nation, il se souviendra qu'il y a dans le premier empire et dans le second des exemples à suivre, de graves fautes à éviter, enfin il rendra un suprême hommage au Prince impérial, en cherchant à aimer comme lui les Français et la France.

LE PARTI ROYALISTE

Comme tous les partis en France la monarchie connut de cruelles divisions, un déchirement profond se fit dans la famille de nos rois, et pendant longtemps les légitimistes et les orléanistes furent séparés par une telle haine qu'ils la croyaient éternelle. Les malheurs du pays furent le signal du rapprochement des deux branches; il y avait à cela plusieurs raisons: l'empire avait disparu dans la sombre tempête de 1870, une nouvelle assemblée composée d'éléments en majorité monarchiques, avait été nommée par le peuple, elle se réunissait à une de ces heures décisives dans la vie d'une nation, il fallait enfin doter la France d'un gouvernement qui allait assumer une tâche terrible.

On ne pensait pas que M. Thiers conserverait aussi longtemps le pouvoir. Les républicains ne comptaient pas beaucoup alors dans les votes politiques; ils avaient surtout voulu la chute de l'empire et ils avaient réussi au delà de leurs espérances, j'aime à le croire pour leur patriotisme, au delà de tout ce qu'on pouvait prévoir au début de cette épouvantable guerre; ils étaient étonnés d'un tel succès; le choix des Français s'était surtout porté sur des gens disposés à faire la paix et inspirant la confiance qu'ils apporteraient une grande dignité dans l'affreuse résignation qui leur était imposée. Les hommes politiques jugèrent de suite qu'il fallait au parti royaliste la force que donne l'union la plus complète, la plus absolue, pour remplir ce qu'on attendait du gouvernement. M. le comte de Chambord avait beaucoup souffert dans son patriotisme, pendant nos désastres; de tels malheurs brisent les haines et jettent de l'indulgence au fond du cœur désolé. Les princes d'Orléans avaient bien mérité de la France par leur dévouement complet et spontané; le chef de la maison de Bourbon n'en fut pas surpris, mais il en fut fier. Ces nombreuses causes facilitaient la fusion; elle eut lieu enfin et apporta un changement à peu près complet dans les rapports des deux partis royalistes. Je dis à peu près, car les violences suscitées par les querelles de famille sont telles que les amis les plus dévoués des princes se refusent parfois à les suivre le jour où ils signent la paix. J'ai connu dans chaque parti quelques-uns de ces fanatiques qui ne transigèrent pas. On ne peut nier cependant la grande importance qui résulta de cette réconciliation, elle pouvait, elle devait avoir une influence considérable sur les destinées de la France, la situation n'était plus la même, la restauration monarchique était devenue facile, elle n'eut pas lieu, pourquoi?

Ici se placent plusieurs incidents sur lesquels une grande lumière n'est pas encore faite; les intermédiaires ne furent pas heureux dans certaines négociations, ainsi qu'il arrive souvent, les détails jouèrent un rôle principal; la conduite des princes fut absolument correcte, les hommes politiques furent maladroits ou trop fins, ce qui est la même chose; la lettre du comte de Chambord parut, elle équivalait à une renonciation mais ne pouvait être considérée comme une abdication. A ce moment la république conservatrice essayait de s'acclimater en France, on ne voulait plus de l'empire; à défaut de la monarchie on accepta le gouvernement républicain et de fait cela paraissait assez simple. M. Thiers s'était servi de la Commune pour appeler au pouvoir des hommes qui, par leur passé, par leurs idées bien connues, ne pouvaient être considérés comme républicains, mais qui, instruits par les fonctions autrefois remplies sous l'empire, ou utiles à son gouvernement par leur situation personnelle et leurs nombreuses relations dans le parti monarchique, furent une grande force pour lui. Ils acceptèrent ce qu'ils considéraient comme un devoir le jour où la révolution semblait vouloir perdre définitivement la France. M. Thiers comprenait l'importance qu'il y avait à s'assurer le concours de ces hommes, ils étaient capables, ils n'inspiraient aucune crainte pour la sauvegarde des principes conservateurs, enfin eux-mêmes s'habituaient à la République qu'ils servaient. Le jour où les chances de restauration monarchique disparurent par suite de la publication de la lettre de M. le comte de Chambord, il y eut une grande déception chez les royalistes, leurs espérances s'anéantissaient, mais ils étaient obligés de reconnaître que l'ordre, la morale et la religion n'étaient pas menacés; ils détestaient la République, mais ils ne pouvaient pas la mépriser, aucune violence, aucune illégalité n'annonçaient alors ce que nous étions appelés à connaître plus tard.

Je suis obligé de rappeler en quelques lignes tous ces souvenirs historiques, ils jouent un grand rôle et se rattachent d'une manière très importante à une étude sur la monarchie; le passé prépare l'avenir, et nous verrons plus facilement, à la suite de ces quelques pages, ce que les événements du jour conseillent de faire et les chances qu'on peut tirer de la situation actuelle.

Quand M. le comte de Chambord mourut, la République était définitivement établie, elle était le gouvernement légal de la France, elle n'était plus en rien un pouvoir conservateur, mais il était trop tard pour rappeler la monarchie : ce qui avait été possible ne l'était plus. Comment les républicains étaient-ils arrivés, cela est intéressant, car il vaut mieux étudier à l'aide de quels moyens nos adversaires ont réussi que de regretter toujours les fautes ou les maladresses avec lesquelles on s'est perdu.

Il faut reconnaître que M. Thiers a été pour beaucoup dans l'établissement de la république en France; d'abord en ne se pressant pas de la faire proclamer, en laissant de côté ce nom dont on ne voulait pas, en appelant aux fonctions des hommes qui auraient été très utiles aux partis monarchiques par leurs conseils, leur expérience, un peu aussi par le grand désir qu'ils avaient de ne pas rester inactifs. Puis, M. Thiers profita habilement des craintes qu'un certain réveil bonapartiste inspira aux royalistes, enfin il entretint cette idée que les deux branches de la maison de Bourbon ne pourraient jamais réunir tous leurs partisans dans un même but et dans une seule pensée; il répandait de ces notes dissolvantes : la République est le gouvernement qui nous divise le moins. Se fiant à sa grande connaissance de l'humanité et sachant malheureusement que le *divide ut regnas* serait toujours vrai, que les hommes les plus disposés à se dévouer entièrement pour une restauration ne pousseraient jamais le sacrifice jusqu'à oublier le plus petit froissement, il excellait à arrêter les plus grands efforts en inspirant la crainte qu'ils serviraient peut-être à d'autres; en un mot, jetant le trouble.

De leur côté, les républicains montrèrent une grande discipline; ils firent taire les violences, se résignèrent à voir beaucoup de conservateurs, non seulement se mêler aux affaires mais, même, les diriger, attendant avec confiance le jour de la République, persuadés que les partis adverses commettraient eux-mêmes des fautes peut-être irréparables;

comptant, comme leur chef, M. Thiers, sur les passions humaines, espérant que les circonstances leur seraient profitables et surtout paraissant modérés et au besoin capables de gouverner la France, en s'inspirant des principes d'ordre, de morale et de religion qui sont indispensables à la grandeur d'une nation et qui, de plus, représentent exactement la volonté de la plupart des Français. Ils réussirent, et depuis longtemps déjà on sent qu'il y aura une véritable lutte pour ressaisir le pouvoir.

Le parti royaliste a donc permis à la république de s'établir réellement; il a laissé le temps au parti bonapartiste de se reformer sérieusement. Actuellement, la monarchie peut-elle revenir, est-il souhaitable qu'elle soit restaurée? A ces deux questions je réponds deux fois : Oui. Nous allons maintenant examiner comment elle peut encore retrouver le pouvoir, ensuite ce qui doit nous conseiller de l'aider à reprendre en mains les destinées de la France.

En étudiant la situation du parti républicain, nous avons vu quelles cruelles et importantes divisions le séparaient, combien les différents groupes étaient ennemis les uns des autres, quelles passions ils apportaient dans la lutte, quelles violences ils commettaient chaque jour, c'est un fait aujourd'hui indiscutable, ce n'est pas un argument de parti; de plus, nous avons étudié les doctrines de ces différentes factions républicaines, que dis-je étudié, nous avons simplement jeté un coup d'œil sur les principales lignes de leurs théories politiques, et nous avons constaté l'impopularité des modérés, la force décroissante des opportunistes, l'impossibilité des radicaux. Soyons bien convaincus que le seul parti républicain gouvernemental est l'opportunisme, et n'oublions pas qu'il ne lui sera plus possible, après les élections, de diriger les affaires : l'inspirateur du groupe, Gambetta, est mort; l'homme le plus capable après lui, M. Ferry, usé et discrédité; en même temps que l'opportunisme perdait ses deux principaux chefs, les partis hostiles augmentaient, devenaient plus puissants; aujourd'hui, le gouvernement se soutient à peine, bientôt il disparaîtra. Nous verrons donc avant peu le parti républicain aux prises avec les plus grandes difficultés; ce jour-là, le parti royaliste doit être prêt.

Une autre considération fait un devoir aux monarchistes de veiller et surtout de ne pas perdre un instant, les bonapartistes sont divisés et actuellement sans influence, mais cette situation du parti peut changer, et, s'il venait à se reconstituer, il présenterait alors un véritable obstacle par lui-même, et dans ce cas, sa force s'ajoutant à celle des républicains comme barrière à la monarchie, en rendrait le retour absolument impossible. Nous continuerions donc à subir la république, qui ne convient pas à la France, et les conservateurs, trop forts dans leur réunion générale, deviendraient trop faibles par suite de leur séparation. Pour de nombreuses et sérieuses raisons, il est donc indispensable que le parti royaliste se prépare activement et se tienne prêt à toute éventualité.

Depuis la mort de M. le comte de Chambord, le parti royaliste a plus de popularité en France. On sait que la monarchie de Juillet ne représentait en rien l'ancien régime et que les princes actuels ne sont pas des *blancs,* pour nous servir d'une expression qui joue un grand rôle dans certaines régions et dont les adversaires de la monarchie se servent avec plus ou moins de sincérité. Les amis les plus dévoués de M. le comte de Chambord se sont en partie retirés de la politique. L'avènement de la royauté ne serait pas pour eux ce qu'ils avaient été en droit d'espérer, le triomphe de leurs principes politiques et de leur courageuse et constante fidélité, mais ils sont les ennemis de l'empire et de la république, et avec moins d'enthousiasme, ils continueront à prêter leur concours à la cause royaliste.

M. le comte de Paris s'est tenu jusqu'à ce jour dans une grande réserve politique. Au moment de la mort de M. le comte de Chambord, il se désigna par son attitude, par ses paroles, par ses actes, comme l'héritier de la couronne de France. La dignité et l'intelligence avec lesquelles il remplit ce rôle difficile nous montrèrent ce dont il était capable. Depuis, on lui reprocha son silence. Je vois cependant trois raisons à la conduite du Prince : Le gouvernement de la République guette l'apparition d'un programme pour exiler la famille royale. J'aime à croire que le jour où la parole serait réellement utile, M. le comte de Paris n'hésiterait pas à la prendre; on ne peut cependant lui faire un reproche sérieux de ne pas se jeter imprudemment et sans raison dans le piège qui lui est tendu. L'autre motif pourrait tenir à un côté très difficile de sa situation et qui exige un tact parfait : la différence qui existe entre certaines idées politiques des anciens légitimistes et les théories de ceux qui étaient orléanistes; l'union existe, mais les tendances ne sont pas les mêmes : les partisans de M. le comte de Chambord ont renoncé à tout depuis sa mort et prêtent un appui désintéressé à son successeur, mais ce dernier se fait un devoir de les ménager, et, ne partageant pas entièrement leurs idées, il veut du moins respecter ces anciens et fidèles serviteurs de la monarchie française. La troisième cause résulte de la nature même du prince. Il est instinctivement réservé, froid, circonspect, et ce caractère, qui sera peut-être une difficulté pour préparer son retour, est en même temps la garantie du gouvernement que nous tiendrions de lui. La passion, les violences seraient exclues du pouvoir. M. le comte de Paris arriverait libre de tout engagement, il pourrait et il voudrait gouverner la France selon les besoins réels du pays, et il représenterait mieux que tout autre ce qui nous convient le plus malgré nos apparences extrêmes, l'opinion moyenne.

On combat la restauration monarchique en disant que M. le comte de Paris n'a pas derrière lui un personnel de fonctionnaires ; mais il est à peu près certain qu'une fois le rétablissement de la royauté accompli, devant ce fait acquis, un nombre assez considérable des fonctionnaires des régimes précédents accepteraient d'être employés aux affaires du pays ; de plus, on sait que les rouages principaux sont entre les mains d'hommes uniquement occupés de leur métier, et cela sous tous les régimes, il pourrait donc y avoir tout au plus une certaine difficulté, mais nullement un empêchement, pour la monarchie, dans cette objection. Un raisonnement qui est fait parfois aussi contre la restauration est celui-ci : La famille de nos rois convenait parfaitement à l'ancienne France, ils étaient l'incarnation du régime et des idées d'autrefois; depuis la révolution, ils n'ont plus raison d'être, et surtout aujourd'hui qu'on est d'accord pour repousser tout ce qui nous reporterait à un siècle en arrière, comment admettre que les membres de la même famille veuillent bénéficier encore d'une situation nouvelle et puissent représenter les idées actuelles, si diamétralement opposées à celles de l'ancienne monarchie? A cela je répondrai simplement que, moi aussi, je ne vois aucune raison, les traditions changeant, à ce que le gouvernement se perpétue dans la même famille, mais j'ajouterai s'il n'y a aucune raison pour cela, il n'y en a non plus aucune contre, et puis que peut-on opposer à un fait? Or, il est certain qu'aujourd'hui les princes de la famille d'Orléans bénéficient de la restauration et de la royauté de Juillet, descendants de nos rois et reconnus de tous les serviteurs de notre ancienne monarchie, ils tiennent encore de plus près au gouvernement de 1830. Regrettez-le, mais reconnaissez la vérité.

Les partis hostiles à la monarchie pourront peut-être l'empêcher de revenir, mais grâce à une alliance où les républicains perdront une partie de leur pouvoir et les bonapartistes toutes chances de retour. Encore une fois, que les républicains soient effrayés et les bonapartistes désolés, c'est naturel; mais on ne peut empêcher d'être ce qui est.

Faut-il employer la force pour rétablir la royauté, ou attendre ce résultat de la légalité elle-même ?

Pendant d'assez longs mois le Prince Impérial eut à sa disposition de faire un coup d'État; aujourd'hui ce moyen pourrait être employé, avec certaines précautions, par M. le comte de Paris. Mais après le temps qui a été attendu (et pendant plusieurs années un coup de force n'aurait pas été possible), je crois préférable de laisser la France montrer elle-même dans ses votes ce qu'elle veut. Les élections prochaines n'imposeront pas la monarchie, mais son retour sera tout à fait indiqué par les élections qui suivront la dissolution forcée de la Chambre qu'on va nommer.

Il y avait, sans compter les nuances, quatre partis politiques en France : les légitimistes, les orléanistes, les bonapartistes, les républicains ; aujourd'hui, il y en a trois. Si le parti royaliste revient, il n'y en aura plus par la suite que deux, car l'idée napoléonienne tend à s'effacer un peu chaque jour. Après la restauration de la monarchie, ce parti s'affaiblirait progressivement, et bientôt il ne resterait plus que l'éternel souvenir du glorieux guerrier Napoléon Ier, du jeune héros le Prince Impérial, ces deux belles figures qui suffisent à jeter le plus brillant éclat, la plus touchante grandeur sur le nom de Bonaparte.

Je me résume : si un conservateur, un homme pénétré de cette idée que des principes, de grands principes, sont indispensables aujourd'hui à son pays, pour sortir de cet état de langueur où il s'épuise chaque jour de plus en plus, si cet homme se faisait un devoir de réfléchir longuement, sérieusement sur les besoins politiques de la France, s'il s'enfermait et seul se posait cette question : Il dépend de moi de donner un chef à ma patrie, quel sera-t-il ? si cet homme n'était pas royaliste il sentirait son cœur se serrer, mais il nommerait quand même M. le comte de Paris. A ceux qui en doutent je dirai : Faites ce que j'ai fait, ne lisez pas, ne discutez pas, ne parlez même pas tout haut....., méditez.

Et, dans le calme de votre conscience, le choix que vous aurez fait vous aura été dicté par deux choses infaillibles : la bonne foi et la raison.

CONCLUSION

M. le comte de Chambord, le Prince Impérial et Gambetta furent les chefs reconnus et incontestables des partis royaliste, bonapartiste et républicain. Bien différents les uns des autres, ces trois hommes méritèrent également la confiance de leurs partisans, car ils étaient convaincus du rôle qu'ils avaient à jouer; ils étaient entièrement dévoués aux idées qu'ils représentaient. Ils sont morts en quelques mois ; les partis qui séparent les Français se trouvèrent en deuil; on voulut s'illusionner à ces tristes jours, et l'on cria : Vive le roi ! vive l'empereur! vive la République! pour bien marquer qu'il n'y aura jamais trêve dans les divisions du pays, et que si la France était une, les Français se refusaient toujours à être un. Inclinons-nous devant ces passions politiques. Comme bien des maux en ce monde, elles sont peut-être utiles, à moins qu'elles ne soient un châtiment; mais terminons ces lignes en jetant un rapide coup d'œil sur les conséquences de ces trois morts. Qu'on le veuille ou non, et quelles qu'en soient les causes, un seul parti est devenu plus fort d'abord par lui-même, ensuite par l'amoindrissement des autres, c'est le parti royaliste. Les bonapartistes et les républicains furent frappés plus cruellement ; la perte de leurs chefs laissait les uns dans les récriminations, les autres dans les intrigues.

Aujourd'hui, la France s'en va faute de principes. Le devoir, le devoir strict pour un Français pénétré de cette vérité, et qui veut avant tout la grandeur de sa patrie, est de prêter son appui aux princes qui sont indiqués par la Providence, dirai-je aux uns; par la destinée, pour ceux qui préfèrent ce mot fataliste ; mais qu'on ne se le dissimule pas, c'est un sacrifice complet qui s'impose à nous. On ne nous demande pas seulement de remplacer par l'indifférence nos passions politiques, ce n'est pas la neutralité qu'on attend, c'est un concours absolu.

Tôt ou tard, et probablement dans un avenir qui n'est pas très éloigné, la monarchie sera restaurée; elle le sera forcément après les terribles épreuves que nous réserve la République. N'est-ce pas faire acte du plus simple patriotisme que de demander à ceux qui pensent, qui voient et qui pourraient agir, de ne pas attendre que la France ait de nouvelles blessures et tombe épuisée entre nos mains?

Relevons-nous pour accomplir la plus noble, la plus sainte des tâches, nos espérances politiques sortiront du domaine des regrets et des souvenirs avec lesquels elles ne chercheront plus à se confondre, elles se concentreront toutes sur la patrie, que la France soit, enfin, ce qu'elle est réellement, et, au jour du triomphe général, ceux qui lui auront tout sacrifié seront les plus fiers, peut-être les plus heureux.

....

....

P. S. — Je m'attends à un reproche qui paraîtra bien naturel à l'époque où nous vivons, et qui me sera probablement même adressé sous sa forme un peu triviale : *Vous prêchez pour votre saint!* A cela, je n'ai qu'une chose à répondre, si, dans l'avenir, les circonstances me décident à me faire connaître, on verra que ce n'est pas un nom royaliste qui aurait signé ces lignes.

TABLE DES MATIÈRES

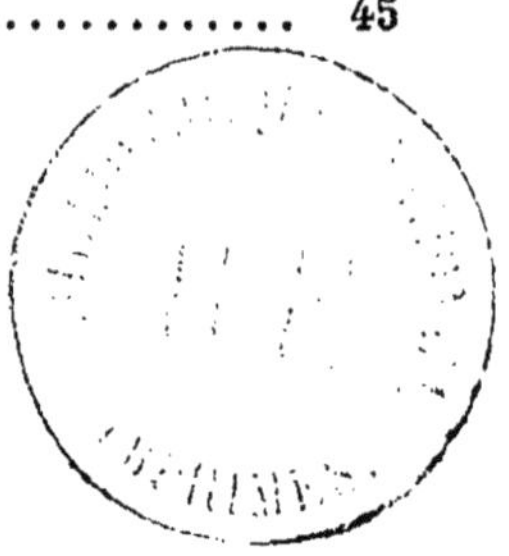

Paris. — Imp. Balitout et Ce, 7, rue Baillif.

www.ingramcontent.com/pod-product-compliance
Ingram Content Group UK Ltd.
Pitfield, Milton Keynes, MK11 3LW, UK
UKHW020353250726
13967UKWH00005B/2264